DK | Penguin Random House

1000 useful WORDS
兒童英漢圖解常用 1000 字

作者：達恩‧史麗特（Dawn Sirett）
顧問：佩尼‧科爾特曼（Penny Coltman）
翻譯：小雅
責任編輯：趙慧雅
美術設計：游敏萍
出版：新雅文化事業有限公司
香港英皇道499號北角工業大廈18樓
電話：（852）2138 7998
傳真：（852）2597 4003
網址：http://www.sunya.com.hk
電郵：marketing@sunya.com.hk
發行：香港聯合書刊物流有限公司
香港荃灣德士古道220-248號荃灣工業中心16樓
電話：（852）2150 2100　傳真：（852）2407 3062
電郵：info@suplogistics.com.hk
版次：二〇一八年十二月初版
二〇二三年十月第七次印刷
版權所有‧不准翻印

ISBN: 978-962-08-7130-6
Original title: *1000 useful WORDS*
Copyright © 2018 Dorling Kindersley Limited
A Penguin Random House Company
Traditional Chinese Edition © 2018 Sun Ya Publications (HK) Ltd.
18/F, North Point Industrial Building, 499 King's Road, Hong Kong
Published in Hong Kong SAR, China
Printed in China

For the curious
www.dk.com

1000
useful
WORDS

兒童英漢圖解常用1000字

達恩·史麗特 ◆ 著

佩尼·科爾特曼 ◆ 顧問

新雅文化事業有限公司
www.sunya.com.hk

給爸爸媽媽的話

　　這本書適合還未學會閱讀，或進行初級閱讀的孩子。每頁都有豐富的插圖，能增添孩子閱讀的樂趣，而且能有效促進他們的語言和讀寫能力。

主題大圖

　　本書透過不同的主題與場景，圖文並茂地闡釋各種生字的意思，包括名詞、動詞、形容詞等，可以擴闊孩子的詞彙量，同時增進知識。

有趣的故事

　　內含 5 個淺白的小故事，透過情境來解釋生字的意思，能培養孩子組織句子，以及編寫故事的能力。

如何幫助孩子善用這本書

　　這本書提供很多探索、學習和親子溝通的機會。跟孩子一起細閱每一頁，找找他們感興趣的事物，例如：你可以指着書上的一隻老虎說 "Look, there's a tiger! Can you roar like a tiger?"（看，這裏有一隻老虎！你可以模仿老虎的吼叫聲嗎？）或 "Which fruit do you like?"（你喜歡哪種水果？）

　　讓孩子按自己的喜好和步伐去學習，請他翻到自己想要看的內容。

　　當孩子感到疲倦時便要停下來，日後再繼續閱讀。

給未開始閱讀的孩子

　　爸爸媽媽可以邊讀生字或句子，邊指着相關的圖畫，幫助孩子辨認並明白生字與圖畫之間的關係。

給開始閱讀的孩子

　　當孩子開始自己閱讀或你跟孩子作親子共讀時，可以邊讀邊指着文字，或鼓勵孩子自己邊讀邊指出來，從而幫助他們認讀生字。

順着點線看故事

　　還未開始閱讀或進行初級閱讀的孩子，在看故事時，可以用手指順着版面上的點線移動，了解故事情節，同時訓練手眼協調的能力。

「找找看」遊戲和提問

　　每個主題均設有「找找看」遊戲和提問，能幫助孩子學習以及提升趣味。爸爸媽媽可以一起玩遊戲和解答問題，從旁給予孩子引導和幫助。

　　在學習的過程中，最重要的就是按照孩子的喜好。爸爸媽媽多跟孩子談談他們感興趣的事物；當他們完成遊戲或成功解答問題時，給予他們適當的讚美，讓孩子與你一起享受邊學邊玩的樂趣！

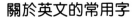

關於英文的常用字

　　常用字指的是經常在讀本或文章中出現的生字。雖然當中有很多都不是名詞、動詞或形容詞，但是它們相當有用，就如 "the"，"and"，"it"，"I" 等等。

　　當孩子在學校裏開始閱讀時，多會接觸到常用字。這些常用字能幫助他們組成有意思的句子，一般會鼓勵孩子去視覺識別及記憶，無須靠拼讀，讓他們在嘗試閱讀前就已認得其中大部分的單字。

　　這本書包含了一些英文常用字，通常出現在提問和故事文字裏。下面的英文常用字取自英國教育部的 *Primary National Strategy*，是首100個常用字。按其常用的程度順序排列（最常用的先排）供爸媽參考。

the	are	do	about
and	up	me	got
a	had	down	their
to	my	dad	people
said	her	big	your
in	what	when	put
he	there	it's	could
I	out	see	house
of	this	looked	old
it	have	very	too
was	went	look	by
you	be	don't	day
they	like	come	made
on	some	will	time
she	so	into	I'm
is	not	back	if
for	then	from	help
at	were	children	Mrs
his	go	him	called
but	little	Mr	here
that	as	get	off
with	no	just	asked
all	mum	now	saw
we	one	came	make
can	them	oh	an

List from: Masterson, J., Stuart, M., Dixon, M. and Lovejoy, S. (2003) Children's Printed Word Database: Economic and Social Research Council funded project, R00023406. *Letters and Sounds*, *Primary National Strategy*.

Contents　目錄

Me and my body
我的身體

What colour are your **eyes**?
你的**眼睛**是什麼顏色？

Is your **hair** long or short?
你的**頭髮**是長的還是短的？

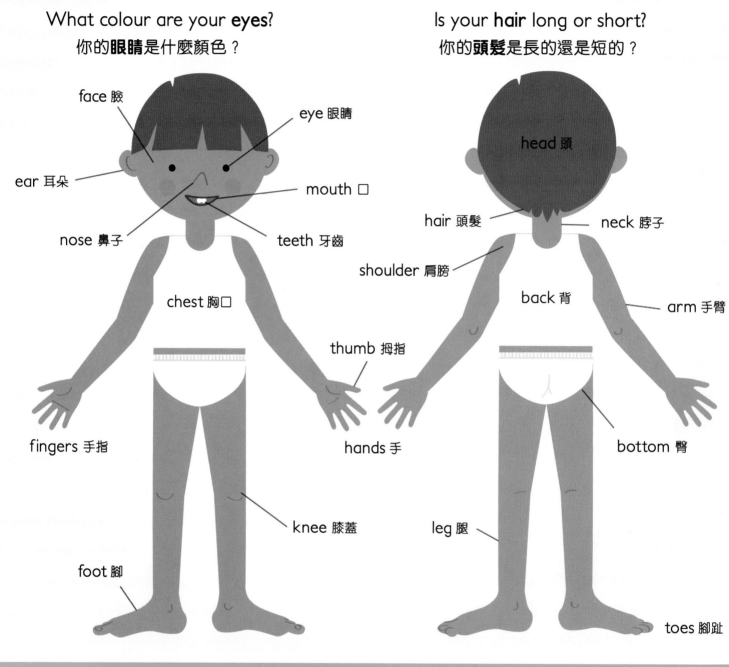

face 臉
eye 眼睛
ear 耳朵
mouth 口
nose 鼻子
teeth 牙齒
chest 胸口
thumb 拇指
fingers 手指
hands 手
knee 膝蓋
foot 腳

head 頭
hair 頭髮
neck 脖子
shoulder 肩膀
back 背
arm 手臂
bottom 臀
leg 腿
toes 腳趾

Taking care of myself 照顧自己

hairbrush
梳子

soap
肥皂

shampoo
洗髮水

sun cream
防曬霜

toothbrush
牙刷

tissues
紙巾

Things I do 我會做的事

I can 我可以 ⋯⋯

sit 坐

stand 站

walk 步行

chatter! chatter!
喋喋不休!

talk 談話

listen 聆聽

hee! hee! 嘻!嘻!

laugh 笑

jump 跳

dance 跳舞

roll 滾動

stretch 伸展

balance 平衡

bend 彎腰

stamp 踏腳

clap 拍手

wave 揮手

My senses 我的感官

touching
摸 (觸覺)

seeing
看 (視覺)

hearing
聽 (聽覺)

tasting
嘗 (味覺)

smelling
嗅 (嗅覺)

5

My family and friends
我的家庭和朋友

There are all kinds of **families**...
各式各樣的**家庭**……

I love my **family**.
我愛我的**家**。

其他稱呼：
grandma
granny
gran
nanny
nana
nan

grandmother
祖母/嫲嫲
（媽媽的媽媽：外祖母/外婆）

Parents
父母

其他稱呼：
mummy
mum
mama
mam
ma

mother
母親/媽媽

其他稱呼：
daddy
dad
papa
pa
pop

father
父親/爸爸

sister
姊姊/妹妹

brother
哥哥/弟弟

I **look after** my
little brother.
我會**照顧**我的弟弟。

Siblings 兄弟姊妹

Who is the **oldest** person in your family?
誰是你家中**年紀最大**的人？

6

pets 寵物

rabbit 兔子　　cat 貓　　dog 狗

其他稱呼：
grandpa
granddad
grandpop
gramps

grandfather
祖父/爺爺
（媽媽的爸爸：外祖父/外公）

Relatives
親戚

I love my friends.
我愛我的朋友。

friends 朋友

其他稱呼：
auntie

aunt　姑母（姑媽/姑姐）
（媽媽的姊妹：姨/姨母）

uncle　伯父/叔叔
（媽媽的兄弟：舅舅）

twins 雙生兒

cousins
*堂或表兄弟姊妹

Children 孩子

*爸爸的兄弟的子女：堂兄弟姊妹
　爸爸的姊妹的子女：表兄弟姊妹
　媽媽的兄弟姊妹的子女：表兄弟姊妹

Who is the youngest?
誰是你家中年紀最小的人？

Things to wear
穿戴的東西

T-shirt
短袖汗衫（T-恤）

vest
背心

socks
襪子

tights
緊身褲/襪褲

pants 內褲

jeans 牛仔褲

skirt
短裙

shorts
短褲

jumper
套頭衫

sun hat
太陽帽

watch
手錶

slippers
拖鞋

wellies
雨靴

gloves
手襪

woolly hat
羊毛帽

scarf
圍巾

trainers 運動鞋

shoes 皮鞋

woolly hat
羊毛帽

Look at all the things **hanging** on the **lines**. Choose something to wear on a **cold** day and...

看看**懸掛**在**衣繩**上的衣物，選一些可以在**寒冷**的天氣時穿戴的，以及⋯⋯

scarf
圍巾

snowflake
雪花

8

button 鈕扣

dress 連衣裙

trousers 褲子

fleece
羊毛上衣

umbrella
雨傘

cotton jacket
棉外套

pyjama top
睡衣

swimming trunks
泳褲

swimsuit
泳衣

goggles
游泳鏡

bag
袋子

pyjama bottoms
睡褲

necklace
項鍊

rucksack
背包

zip 拉鍊

belt 腰帶

buckle 扣環

purse
錢包

baseball cap
棒球帽

bicycle helmet
腳踏車頭盔

accessories
配飾

sandals
涼鞋

hair bow
蝴蝶結髮飾

hair slide
髮夾

something to wear on a hot day.
一些可在**炎熱**的天氣時穿戴的衣物。

sunglasses
太陽眼鏡

sun 太陽

9

Food and drink
食物和飲料

What **vegetables** have you eaten today?
你今天吃了什麼**蔬菜**？

Choose three of these foods to make a **salad**.
請從下面的食物中選三種來做**沙拉**。

tomato
番茄

cucumber
黃瓜（青瓜）

olives
橄欖

lettuce
生菜

celery
芹菜

Fruit 水果

grapes
葡萄（提子）

pineapple
菠蘿

banana
香蕉

apple
蘋果

watermelon
西瓜

lemon
檸檬

strawberries
草莓（士多啤梨）

potatoes
薯仔

orange
橙

Vegetables 蔬菜

green beans 青豆

cauliflower
椰菜花

carrot
胡蘿蔔（紅蘿蔔）

red pepper
紅椒

onions
洋蔥

pumpkin
南瓜

peas
豌豆

biscuits 餅乾

cabbage
捲心菜（椰菜）

cupcakes
紙杯蛋糕

broccoli
西蘭花

pastries
酥皮餅

ice cream
冰淇淋（雪糕）

Treats 甜點

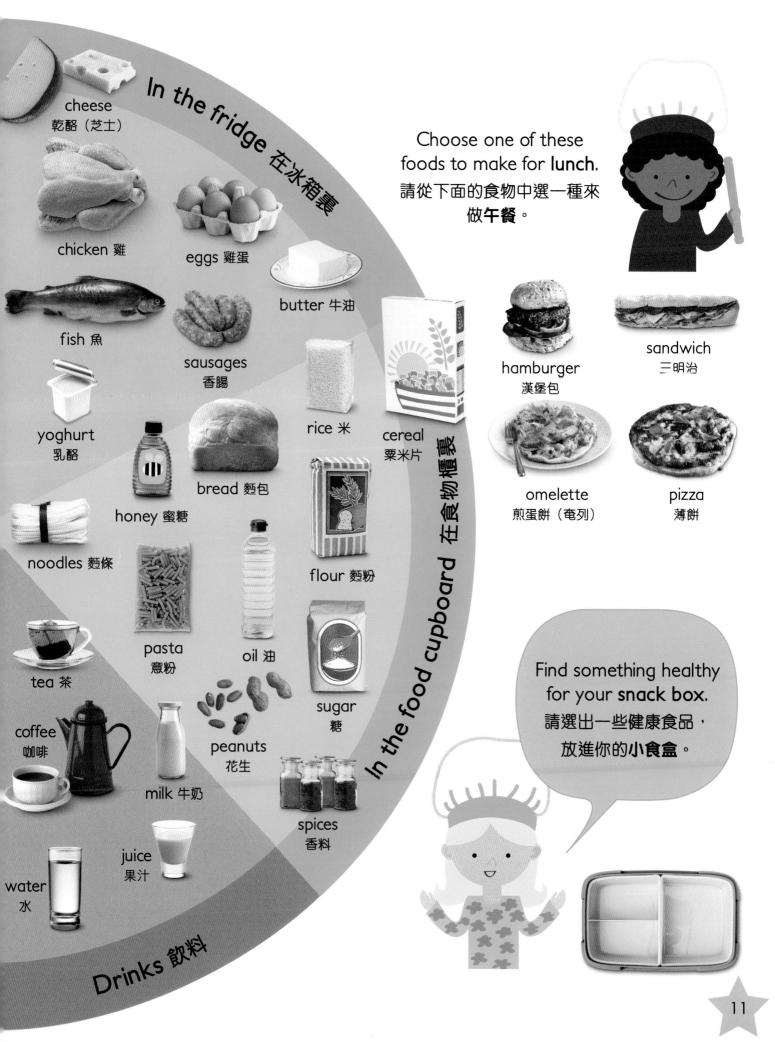

cheese
乾酪（芝士）

In the fridge 在冰箱裏

chicken 雞

eggs 雞蛋

butter 牛油

fish 魚

sausages
香腸

yoghurt
乳酪

rice 米

cereal
粟米片

honey 蜜糖

bread 麵包

noodles 麵條

flour 麵粉

pasta
意粉

oil 油

tea 茶

coffee
咖啡

sugar
糖

peanuts
花生

milk 牛奶

spices
香料

juice
果汁

water
水

In the food cupboard 在食物櫃裏

Drinks 飲料

Choose one of these foods to make for **lunch**.
請從下面的食物中選一種來
做**午餐**。

hamburger
漢堡包

sandwich
三明治

omelette
煎蛋餅（奄列）

pizza
薄餅

Find something healthy
for your **snack box**.
請選出一些健康食品，
放進你的**小食盒**。

11

All in a day
故事：一天的生活

alarm clock
鬧鐘

morning
早上

bed
牀

bedside table
牀頭櫃

Jack wakes up at 8 o'clock.
傑克在早上**八時正**起**牀**。

Jack eats some **porridge** and a **banana** for **breakfast**.
傑克吃**燕麥粥**和**香蕉**做**早餐**。

cap 便帽

breakfast time
早餐時間

toy carrot
玩具胡蘿蔔

porridge
燕麥粥

banana
香蕉

jacket
外套

T-shirt
短袖汗衫
（T-恤）

shorts
短褲

scarf
圍巾

socks
襪子

trainers
運動鞋

His **toy rabbit** has **food**, too!
傑克的**玩具兔**也有**食物**做早餐呢！

Then **Jack gets dressed**.
然後**傑克穿好衣服**。

What might **Jack** and his **rabbit** do during the **day**? You choose...
傑克和他的**玩具兔**可以在**一天**裏做什麼呢？ 你來選一選……

trains
玩具火車

den
帳幕

flag
旗子

Do they **play** with the **trains** in the **morning**…
上午，他們會玩**玩具火車**……

or do they **scoot**
in the **park**?
還是在**公園**裏**滑**踏
板車？

scooter
踏板車

Do they **build** a **den** in the **afternoon**…
下午，他們會在花園裏**築**起一個**帳幕**……

cake
蛋糕

or do they **bake** a **cake**?
還是**焗蛋糕**？

night-time
晚間時分

bath time
洗澡時間

bath
浴缸

At the end of the **day**,
it's time for a **bath**. Then
it's **bedtime**.
一天快要結束，傑克是時候
要**洗澡**了，然後便到
睡覺時間。

bedtime cuddle
睡前擁抱

pyjamas
睡衣

Jack and his **rabbit** both like a
bedtime cuddle.
傑克和他的**玩具兔**都喜歡來個**睡前擁抱**。

slippers
拖鞋

Around the house
家居環境

Find five **teddy bears**.
請找出五隻**玩具熊**。

bedroom 睡房

curtain 窗簾

wardrobe 衣櫃

pillow 枕頭

alarm clock 鬧鐘

lamp 燈

bed 牀

window 窗

books 書

mat 地墊

floor 地

bedside table 牀頭櫃

beanbag 豆袋椅

toys 玩具

kitchen 廚房

cupboards 櫥櫃

clock 時鐘

phone 電話

table 飯桌

cooker 烤爐

washing machine 洗衣機

fridge 冰箱（雪櫃）

chair 椅子

14

Choose a **cosy place** to read a book.
請選一個**舒適的地方**看書。

chimney
煙囪

roof
屋頂

bathroom 浴室

tap
水龍頭

light
燈

towel
毛巾

mirror
鏡子

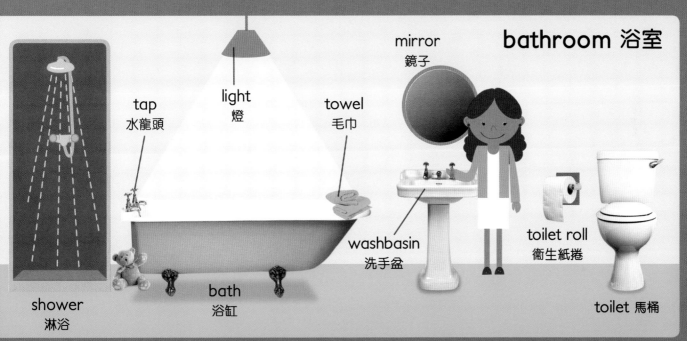

washbasin
洗手盆

toilet roll
衞生紙捲

shower
淋浴

bath
浴缸

toilet 馬桶

door
門

living room 客廳

picture 掛畫

cushion
靠墊

television
電視機

pot plant
盆栽植物

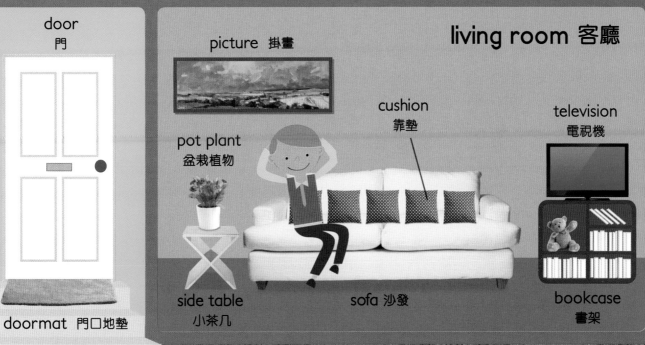

side table
小茶几

sofa 沙發

bookcase
書架

doormat 門口地墊

steps 梯級

Toys and playtime
玩具和遊戲時間

Which toy has a **long, spiky tail**?
哪件玩具有一條**又長又尖的尾巴**？

tiara 冕狀頭飾

firefighter helmet
消防帽

kite
風箏

balloons
氣球

teepee
圓錐形帳篷

princess costume
公主服飾

firefighter costume
消防員服飾

ball
皮球

doll
洋娃娃

toy box
玩具箱

train 火車

tambourine
鈴鼓

train set
火車玩具組合

train track 火車路軌

doll's house
玩具小屋

marbles
彈珠

fire engine
消防車

rocking horse 木馬 Which toy has **big, soft ears**? 哪件玩具有一雙**又大又軟的耳朵**？

building blocks
積木

drumstick 鼓棒
drum
鼓

tea set
茶杯玩具組合

jigsaw puzzle
拼圖

modelling clay
泥膠

bath duck
小鴨洗澡玩具

robot
機械人

spinning top
陀螺

dinosaurs
恐龍

trumpet
小號

beater 拍打棒
xylophone
木琴

rabbit
兔

car
車子

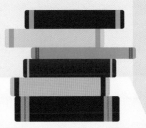
teddy bear
玩具熊

pencils
鉛筆

pens
筆

paper
紙

paintbrushes
畫筆

paints
顏料

books
書

I can... 我會……

read a book
看書

draw pictures
畫圖畫

play with a toy
玩玩具

dress up
角色扮演

play music
演奏音樂

17

In the kitchen
在廚房裏

scales 磅

storage jars 保鮮瓶

rolling pin 麵粉棒

tap 水龍頭

vegetable peeler 蔬菜削皮器

chopsticks 筷子

kettle 開水壺

washing-up liquid 洗潔精

fork 叉

sink 洗碗糟

plate 碟

washing-up sponges 清潔海綿

knife 刀

spoon 匙

tea towel 抹布

colander 濾器

bowl 碗

mop 地拖

bucket 水桶

dustpan and brush 簸箕和小掃帚

cake tin 餅模

sieve 篩

cup and saucer
茶杯和碟

glass 玻璃杯　　jug 大口壺

wooden spoon
木勺

whisk 打蛋器

herbs
香草

sharp knife 利刀

chopping board 砧板

mug 馬克杯

toaster
多士爐

frying pan
煎鍋

mixing bowl
攪拌碗

cookie cutters
餅乾模

grater 磨碎器　　saucepan 深平底鍋

In the kitchen we...
在廚房裏，我們……

prepare food
準備食物

cook meals
做菜

bake cakes
焗蛋糕

wash up
洗碗碟

clean
清潔

lay the table
擺放餐具

eat
吃

drink
喝

Find something **spotty** and
something **stripy**.
請找出有**圓點圖案**的東西和
有**條紋圖案**的東西。

19

Favourite pets 喜愛的寵物

Which **pet** would you like to **look after**?
你想**飼養/照顧**哪一種寵物？

budgie 虎皮鸚鵡

birdcage 鳥籠

hamster wheel 倉鼠滾輪

hamster 倉鼠

goldfish 金魚

fish tank 金魚缸

hamster cage 倉鼠籠

collar 頸圈

pet carrier 寵物籠

cat 貓

dog 狗

puppy 小狗

guinea pig 天竺鼠

hutch 飼養小動物的棚 （有鐵絲網的）

dog bed 狗牀

rabbit 兔

spinach leaves 菠菜葉

dog bowl 狗糧兜

hay 乾草

toy bone 玩具骨頭

toy mouse 玩具老鼠

kitten 小貓

cat bowl 貓糧兜

lead 繩索

Tink's story
故事：小狗丁丁

I'm a **dog** called Tink. I love chasing my **bouncy ball**. Where has it gone?

我是一隻**小狗**，名叫**丁丁**。我最愛追着我的**彈力球**。噢，它彈到哪裏去了？

bouncy ball 彈力球

Tink 小狗丁丁

Is it by the sleepy cat?
它是不是在**倦睏的小貓旁邊**？

Is it on top of the hutch?
它是不是在**兔屋上**。

rabbit hutch 兔屋

rabbit 兔

sleepy cat 倦睏的小貓

Is it in the sandpit?
它是不是在**沙池裏**？

sandcastles 沙城堡

bucket 水桶

sandpit 沙池

spade 沙鏟

bench 長椅子

Is it under the bench?
它是不是在**長椅子下**？

ball 球

Yes!
是！

happy Tink!
快樂的丁丁！

friendly pup
友善的小狗

Woof! Woof! Look who's come to play **ball** with me.

汪！汪！看看誰來跟我一起玩**球**。

21

In the garden
在花園裏

snail 蝸牛

branch 樹枝

fence 籬笆

shed 小屋

bird 小鳥

bird house 鳥屋

bush 灌木

broom 掃帚

tree trunk 樹幹

hose 水喉

lawn 草坪

petal 花瓣

wheelbarrow 手推車

bee 蜜蜂

ladybird 甲蟲

lawnmower 割草機

watering can 灑水壺

leaf 葉

roses 玫瑰

trowel 小鏟子

spider 蜘蛛

fly 蒼蠅

gardening gloves 園藝手套

bulbs 球莖

web 蜘蛛網

rosebud 玫瑰花苞

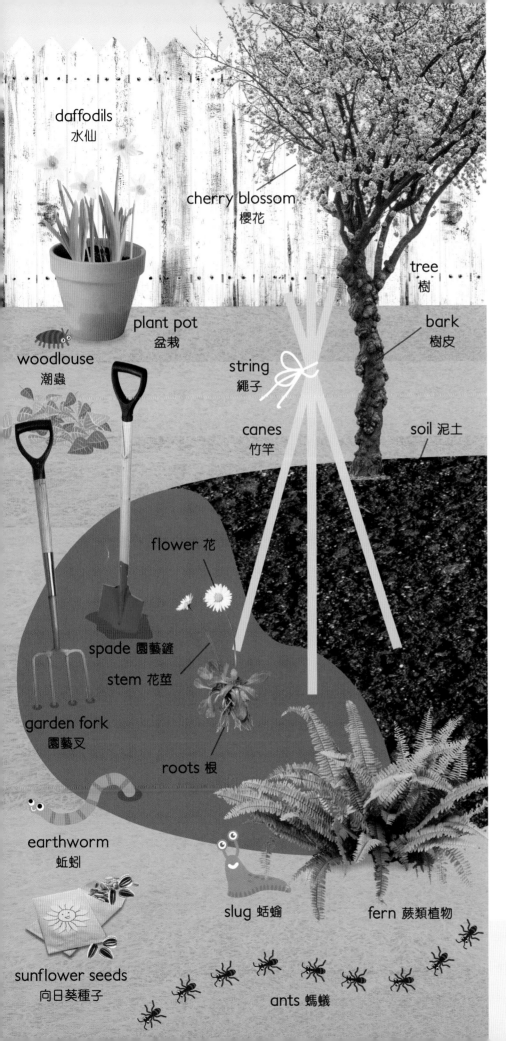

daffodils
水仙

cherry blossom
櫻花

tree
樹

plant pot
盆栽

bark
樹皮

woodlouse
潮蟲

string
繩子

canes
竹竿

soil 泥土

flower 花

spade 園藝鏟

stem 花莖

garden fork
園藝叉

roots 根

earthworm
蚯蚓

slug 蛞蝓

fern 蕨類植物

sunflower seeds
向日葵種子

ants 螞蟻

In the garden we...
在花園裏，我們……

dig soil 翻土

plant seeds and flowers
播種和種花

water the plants
澆水

mow the lawn
割草

sweep up leaves
掃樹葉

Which garden creature has
eight legs?
花園裏哪一種生物有

八隻腳？

Describing people 描述人物

young people 年輕人

grown-ups 成年人

baby 嬰兒

child 兒童

kid 小孩

adolescent 青春期的少年

adult 成人

adult 成人

adult 成人

toddler 學步兒

boy 男孩

girl 女孩

teenager 青年

man 男人

woman 女人

old person 老人

Eyes can be... 眼睛可以是……

grey 灰色的

brown 褐色的

green 綠色的

blue 藍色的

hazel 黃褐色的

Hair can be... 頭髮可以是……

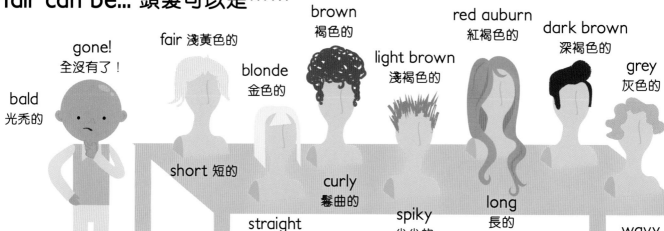

gone! 全沒有了！

bald 光禿的

fair 淺黃色的

blonde 金色的

brown 褐色的

light brown 淺褐色的

red auburn 紅褐色的

dark brown 深褐色的

grey 灰色的

short 短的

straight 直的

curly 鬈曲的

spiky 尖尖的

long 長的

wavy 波浪式的

Choose some words to describe your hair.
請選用一些字詞來描述你的**頭髮**。

24

In the countryside
在郊外

birds
鳥

walkers
行山人士

footpath
人行小徑

mountain bikers
騎登山車人士

gate
閘

hedge
樹籬

tent 帳篷

fox 狐狸

camper
露營人士

burrow
洞穴

sticks 小樹枝

bee's nest
蜂巢

Campsite
營地

kayak 獨木舟

flowers
花

bee 蜜蜂

dragonfly
蜻蜓

bud 花蕾

eggs 卵

pine cone
松果

conkers
七葉樹果

wild mushroom
野菌

tadpole
蝌蚪

What contains the seed of an oak tree?
什麼東西內藏橡樹的種子？

cloud 雲

sky 天空

mountain
山

sun 太陽

bird of prey
猛禽

climber
攀山人士

waterfall
瀑布

hill
小山丘

trees 樹

bird's nest
鳥巢

hare 野兔

bridge
橋

stream
溪流

squirrel
松鼠

river
河

wasp
黃蜂

grass 草

frog
青蛙

eggs
蟲卵

caterpillar
毛蟲

chrysalis
蛹

butterfly
蝴蝶

acorn
橡實

What does a **tadpole** turn into?
蝌蚪會變成什麼呢？

froglet
幼蛙

soil 泥土

27

In the city 在城市裏

Choose a place you would like to **visit**.
請你選一個你想**遊覽**的地方。

fountain 噴泉

veterinary surgery
獸醫診所

theatre 劇院

cinema 戲院

take-away restaurant
外賣店

shopping centre
購物中心

bakery
麵包店

market 市集

shoppers
購物人士

building site
建築工地

synagogue 猶太教堂

bank 銀行

hospital 醫院

police station
警署

doctor's surgery
診所

restaurant
餐廳

museum 博物館

butcher
肉店

dentist
牙醫

greengrocer
蔬果店

road 道路

taxi 計程車

bench
長椅子

beach 沙灘

car park 停車場

temple 廟宇

airport 機場

runway 飛機跑道

library 圖書館

supermarket 超級市場

slide 滑梯

swing 鞦韆

bouncy castle 充氣城堡

park 公園

underground station 地下車站

town hall 大會堂

statue 雕像

church 教堂

mosque 清真寺

skyscraper 摩天大樓

school 學校

bridge 行人天橋

café 咖啡店

block of flats 住宅大廈

toy shop 玩具店

sweet shop 糖果店

optician 眼鏡店

houses 房屋

pavement 行人路

bus stop 巴士站

Where could you go for some **food**?
你在哪裏可以找到**食物**？

29

Let's play school
故事：愉快的學校生活

Little Ted walks to school with his **dad**.

小泰迪跟**爸爸**一起步行到**學校**。

Dad 爸爸

Little Ted 小泰迪

His **teacher** smiles and says **hello**.

他的**老師**微笑着說：「**你好！**」

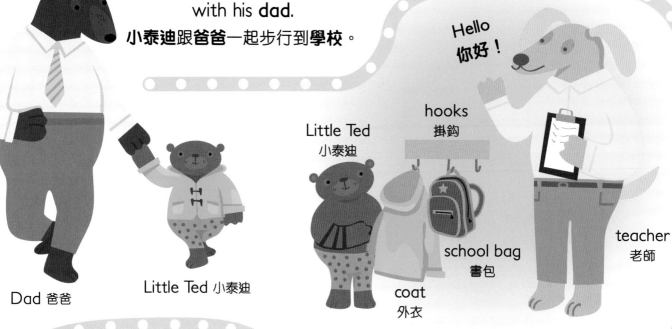

Hello 你好！

hooks 掛鈎

Little Ted 小泰迪

school bag 書包

coat 外衣

teacher 老師

Little Ted hangs up his **coat** and **school bag**.

小泰迪掛上他的**外衣**和**書包**。

song time 唱遊時間

drum 鼓

triangle 三角鈴

Everyone sings a **good morning song**.

大家一起唱**早安歌**。

reading 閱讀

letters 英文字母

writing 寫作

Then it's time for **reading** and **writing**.
然後就是**閱讀**和**寫作**時間。

After that, Little Ted paints a picture.
接着，**小泰迪**去**畫圖畫**。

picture 圖畫

painting 繪畫

easel 畫架

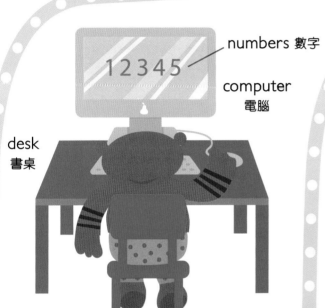

numbers 數字

1 2 3 4 5

computer 電腦

desk 書桌

After **playtime**, Little Ted does **number work**.
遊戲時間完畢，**小泰迪**開始做**數學課題**。

Next it's playtime.
然後就是**遊戲時間**。

skipping 跳繩

hopscotch game
跳飛機遊戲

teacher 老師

Bye-bye
再見！

friends 朋友

Little Ted 小泰迪

Then it's time to **go home**.
Little Ted has made some **friends**.
噢！是時候要**回家**了。**小泰迪**認識了一些**朋友**呢！

Around the farm
在農場裏

crow 烏鴉

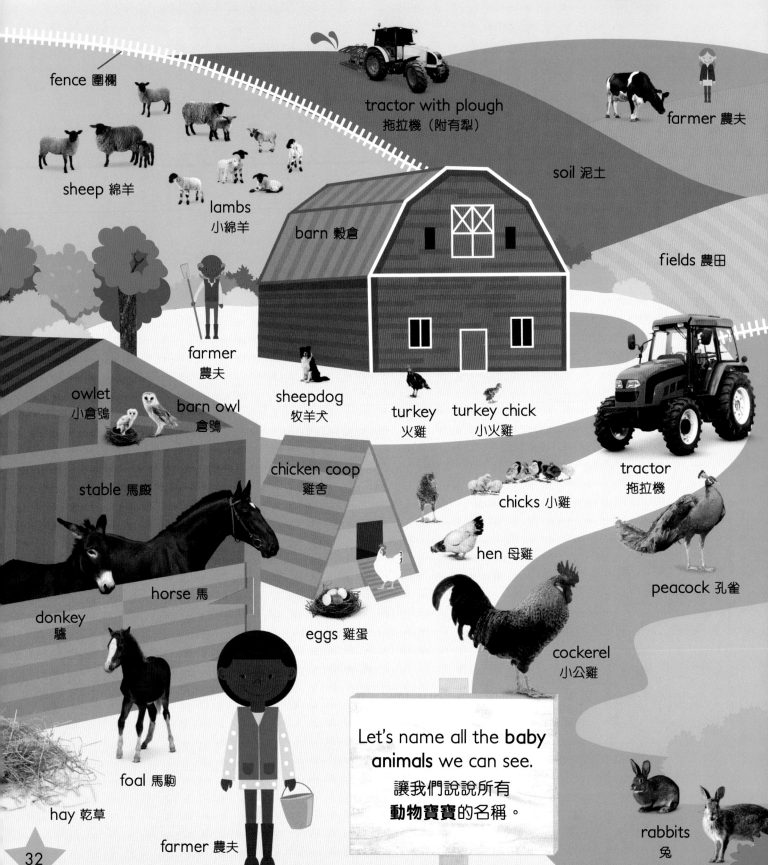

fence 圍欄

tractor with plough
拖拉機（附有犁）

farmer 農夫

soil 泥土

sheep 綿羊

lambs
小綿羊

barn 穀倉

fields 農田

farmer
農夫

owlet
小倉鴞

barn owl
倉鴞

sheepdog
牧羊犬

turkey
火雞

turkey chick
小火雞

tractor
拖拉機

stable 馬廄

chicken coop
雞舍

chicks 小雞

hen 母雞

peacock 孔雀

horse 馬

donkey
驢

eggs 雞蛋

cockerel
小公雞

Let's name all the **baby animals** we can see.
讓我們說說所有
動物寶寶的名稱。

foal 馬駒

hay 乾草

farmer 農夫

rabbits
兔

Find three **farmers**.
請你找出三位**農夫**。

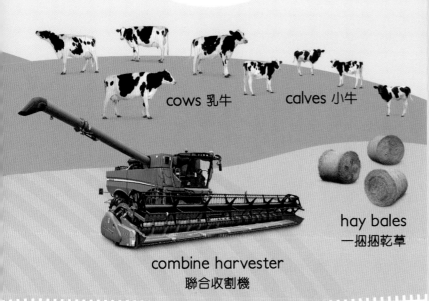

cows 乳牛　　calves 小牛

hay bales
一捆捆乾草

combine harvester
聯合收割機

pigsty 豬欄

pigs 豬

piglets 小豬　　mud 泥漿　　kids 小山羊

goats 山羊

goose 鵝　　　　ducks 鴨

ducklings
小鴨

gosling 小鵝

bees 蜜蜂

blackbird
烏鶇（粵音東）

beehive 蜂箱

rice plants 稻米　　olives 橄欖

corn 粟米　　wheat 小麥

apples 蘋果　　pears 梨

coffee beans 咖啡豆　　tea 茶葉

pineapples 菠蘿　　bananas 香蕉

33

Animals in the wild
野生動物

giraffe 長頸鹿

seagull 海鷗

parrot 鸚鵡

chimpanzee 黑猩猩

deer 鹿

rhinoceros 犀牛

lion cubs 小獅子

lion 獅子

camel 駱駝

jaguar 美州豹

elephant 大象

kiwi 奇異鳥

elephant calf 小象

tortoise 龜

zebra 斑馬

hippopotamus 河馬

panda cub 小熊貓

mouse 老鼠

zebra foal 小斑馬

Choose your favourite **furry animal** and…

請選出你喜愛的**毛茸茸的動物**，以及

eagle 鵰

bat 蝙蝠

snake 蛇

koala 樹熊

monkey 猴子

moth 蛾

cheetah 獵豹

gorilla 大猩猩

lizard 蜥蜴

bear cub 小熊

spider 蜘蛛

bear 熊

ostrich 鴕鳥

tiger 老虎

flamingo 紅鸛

joey 小袋鼠

kangaroo 袋鼠

tiger cub 小老虎

frog 青蛙

wolf 狼

leopard 豹

cricket 蟋蟀

your favourite **feathery animal.**
你喜愛的**有羽毛的動物**。

beetle 長戟大兜蟲

35

River and lake animals
河流和湖泊的動物

frog 青蛙

otter 水獺

mallard ducks 綠頭鴨

swans and cygnets 天鵝和小天鵝

beaver 河狸

water vole 水鼠

pond snail 椎實螺

Find some animals with **scales** and... 請找出有**鱗片**的動物，以及……

Sea animals
海洋動物

mackerel 鯖魚

cod 鱈魚

box jellyfish 箱形水母

sea turtle 海龜

shark 鯊魚

tropical fish 熱帶魚

stingray 魟魚

octopus 八爪魚

seahorse 海馬

sea snake 海蛇

sunstar 太陽海星

starfish 海星

lobster 龍蝦

sea snail 海螺

36

newt 蠑螈　　alligator 短吻鱷　　crocodile 鱷魚

adult trout 成年鱒魚

fry 幼鱒

carp 鯉魚

eggs 鱒魚卵

freshwater crab
淡水蟹

crayfish
淡水龍蝦

a word for a **baby fish.** 一個跟**魚寶寶**相關的名稱。

penguin 企鵝　　sea lion 海獅　　seal 海豹

orca 虎鯨

dolphin 海豚

beluga whale 白鯨

blue whale 藍鯨

giant clam
巨蚌

razor clams
蟶子

shrimps 蝦

saltwater crab
鹹水蟹

37

Full speed ahead!
交通工具

plane 飛機

seaplane
水上飛機

hot-air balloon
熱氣球

car 汽車

ice cream van
冰淇淋車（雪糕車）

off-road vehicle 越野車

bike
自行車（單車）

dump truck 自卸卡車

police car 警車

camper van 露營車

fire engine 消防車

ambulance 救護車

van 客貨車

skateboarder
滑滑板的人

horse and rider 馬及騎師

kayak 獨木舟

speedboat 快艇

38

fishing boat 漁船

rowing boat 划艇

Shall we **drive**, shall we **fly**, shall we **float** in a boat?
你想跟我一起**駕駛**、**飛行**和乘船**漂流**嗎？
Choose a **vehicle** you would like to **travel** in.
請選一種你想**乘坐**的**交通工具**。

biplane 雙翼機

rescue helicopter 救災直升機

glider 滑翔機

rubbish truck 垃圾車

motorcycle
摩托車（電單車）

train 火車

racing car 賽車

tractor 拖拉機

lorry 貨車

digger
挖土機（鏟泥車）

concrete mixer 混凝土車

coach 旅遊車

motor scooter
小型機車/速克達（綿羊仔）

scooter rider 踏滑板車的人

runner 跑步的人

rescue boat 救護船

sailing boat 帆船

ferry 渡輪

39

Where shall we go?
故事：我們往哪裏去？

luggage 行李

taxi 計程車

home 家

They set off in a **taxi**...
他們乘坐**計程車**……

Daisy and Joe are going on a trip to Grandma's house.
黛絲和**祖兒**準備前往**祖母/外祖母**家。

Grandma's house
祖母/外祖母的家

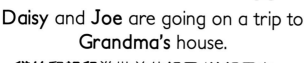
to the **train station**. 前往**火車站**。

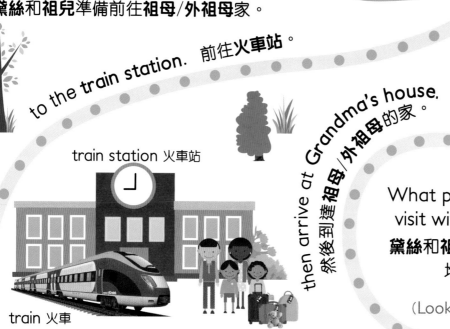

then arrive at **Grandma's house**,
然後到達**祖母/外祖母**的家。

train station 火車站

They take the **train**...
他們乘坐**火車**……

train 火車

What places might **Daisy** and **Joe** visit with **Grandma**? You choose.
黛絲和**祖兒**會和**祖母/外祖母**遊覽哪些地方呢？你來選一選。

(Look on the next page 請看右頁)

trees 樹

passing **buildings**... 經過不同的**大廈**……

and **trees**... 和**樹**……

hotel 酒店

buildings
大廈

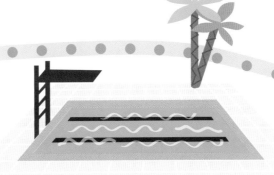

swimming pool 泳池

funfair 遊樂園

zoo 動物園

duck pond 鴨池塘

aquarium 水族館

What people do
各行各業

What **job** would you like to do?
你想做什麼**工作**？

firefighter
消防員

doctor
醫生

nurse
護士

fashion designer
時裝設計師

singer
歌星

scientist
科學家

musician
音樂家

dentist
牙醫

DJ (disc jockey)
唱片騎師

artist
藝術家

hairdresser
理髮師

actor
演員

astronaut
太空人

builder
建築工人

teacher
教師

librarian
圖書館管理員

pilot
飛機師

vet
獸醫

film director
導演

footballer
足球員

chef
廚師

soldier
軍人

lawyer
律師

athlete
運動員

dancer
舞蹈員

police officer
警察

childminder
保育員/保姆

tennis player
網球運動員

engineer
工程師

prime minister
首相/總理

writer
作家

Some hobbies
興趣

swimming
游泳

gymnastics
體操

martial arts
武術

music
音樂

dancing
跳舞

All sorts of places
各種各樣的地方

Moon 月亮

comet 彗星

Cold place 寒冷地方

igloo 冰屋

ice fishing 冰釣

polar bear 北極熊

Imagine you are on an **adventure**.
Where will you **go**?
請想像你正在**冒險**，
你想到哪裏**去**？

Savannah 稀樹草原

lions 獅子

grasses 草

antelope 羚羊

Ocean 海洋

diver 潛水員

coral 珊瑚

fish 魚

shipwreck 沉船殘骸

shark 鯊魚

seabed 海牀

stars 星星

Sun 太陽

space shuttle
穿梭機

Earth 地球

Space 太空

rocket 火箭

Desert 沙漠

camel 駱駝

scorpion 蠍子

cactus 仙人掌

parrot 鸚鵡

tree 樹

tarantula
狼蛛

web 蜘蛛網

Rainforest 熱帶樹林

Some land and shore features
一些陸地和海岸的面貌

mountains 山脈

valley 山谷

lake 湖泊

island 島嶼

volcano 火山

beach 海灘

cliff 懸崖

estuary 河口

47

Colours, shapes, and numbers
顏色、形狀和數字

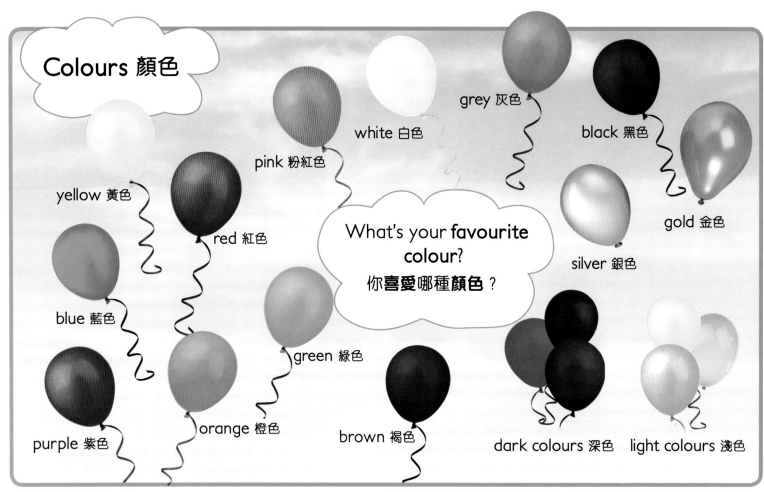

Colours 顏色

yellow 黃色

pink 粉紅色

white 白色

grey 灰色

black 黑色

red 紅色

gold 金色

blue 藍色

What's your **favourite colour**?
你**喜愛**哪種**顏色**？

silver 銀色

green 綠色

purple 紫色

orange 橙色

brown 褐色

dark colours 深色

light colours 淺色

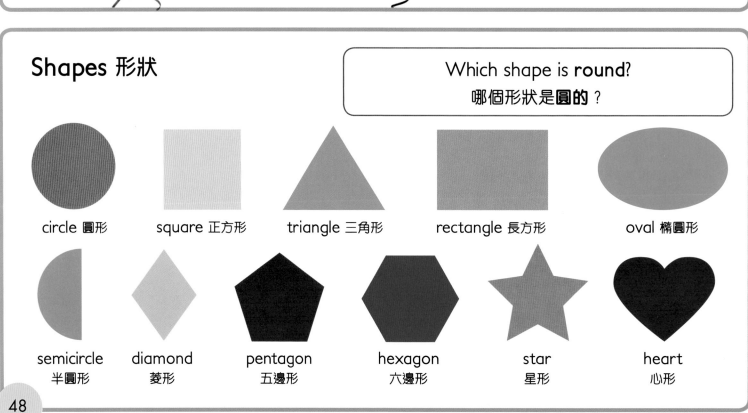

Shapes 形狀

Which shape is **round**?
哪個形狀是**圓的**？

circle 圓形

square 正方形

triangle 三角形

rectangle 長方形

oval 橢圓形

semicircle 半圓形

diamond 菱形

pentagon 五邊形

hexagon 六邊形

star 星形

heart 心形

Numbers
數字

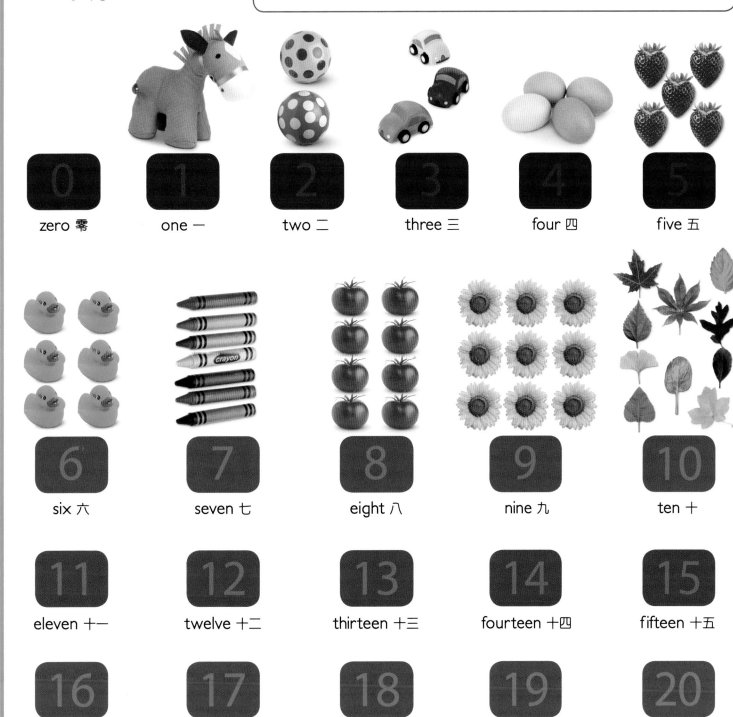

zero 零

one 一

two 二

three 三

four 四

five 五

six 六

seven 七

eight 八

nine 九

ten 十

eleven 十一

twelve 十二

thirteen 十三

fourteen 十四

fifteen 十五

sixteen 十六

seventeen 十七

eighteen 十八

nineteen 十九

twenty 二十

one hundred 一百

one thousand 一千

one million 一百萬

Time, seasons, and weather
時間、季節和天氣

daytime 日間　　night-time 晚間

Days 日

Monday 星期一

Tuesday 星期二

Wednesday 星期三

Thursday 星期四

Friday 星期五

Saturday 星期六

Sunday 星期日

Months 月

January 一月

February 二月

March 三月

April 四月

May 五月

June 六月

July 七月

August 八月

September 九月

October 十月

November 十一月

December 十二月

What **month** is your **birthday**?
你的**生日**在哪個**月份**？

Seasons 季節

Spring 春天

Summer 夏天

Autumn 秋天

Winter 冬天

Some celebrations 節日慶典

Birthdays 生日

Eid 開齋節

 Diwali 排燈節

 Christmas 聖誕節

Hanukkah 光明節

Chinese New Year
中國農曆新年

Weather 天氣

hot 炎熱

sunny 晴朗

cold 寒冷

snowy 下雪

wet 潮濕

pitter! patter!
劈哩！啪啦！
rainy 下雨

dry 乾燥

blue skies 藍天

rainbow 彩虹

splish!
撲通！
splash!
撲通！
puddles 雨水坑

rumble!
boom!
轟隆！澎！
thunder and lightning
打雷和閃電

stormy 風暴

cloudy 多雲

breezy 微風

whoosh!
嗖！
windy 大風

hail 冰雹

foggy 大霧

frosty 結霜

icy 結冰

blizzard 風雪

What's the **weather** like today?
今天的**天氣**是怎樣的？

Story time 故事時間

fairy 仙子

unicorn 獨角獸

witch's cat 女巫的貓

witch 女巫

fairy godmother 仙子教母

alien 外星人

broomstick 長柄掃帚

crown 王冠

palace 宮殿

servant 僕人

cauldron 大鍋

princess 公主

prince 王子

queen 王后

king 國王

toad 蟾蜍

mouse 老鼠

horse and carriage 馬和馬車

glass slipper 玻璃鞋

wand 魔術棒

wolf 狼

explorer 探險家

beast 野獸

wizard 巫師

superhero 超級英雄

cave 山洞

bad guy 壞蛋

Who rides a broomstick? Who wears a crown?
誰乘坐在**長柄掃帚**上？誰戴**王冠**？

giant 巨人

genie 精靈

lamp 神燈

monster 怪獸

magic carpet
神奇飛氈

castle
城堡

dragon 龍

ghost 鬼

armour
盔甲

sword 長劍

knight
騎士

shield 盾牌

tower 塔

dinosaur 恐龍

spy 間諜

pirate 海盜

parrot 鸚鵡

pirate ship 海盜船

treasure 寶藏

beanstalk
豌豆莖

mermaid 人魚

coins
金幣

treasure chest
寶箱

Let's make up a story
故事：有趣故事的誕生

The beginning 故事開始
Once upon a time... 很久很久以前……

(now choose a character 請選一個角色)

or 或

a brave knight
一個**勇敢**的騎士

a superhero
一個**超級英雄**

What happens to him or her?
You choose.
他/她發生什麼事呢？你來選一選。

ice 冰

is **frozen** in ice.
被**冰封**了。

falls asleep and can't wake up.
沉睡了沒法醒來。

microphone
麥克風

can't stop **singing**.
沒法停止**唱歌**。

apple 蘋果

big 大

small 小

tiny 細小

eats an apple and **shrinks**. 吃了一個蘋果並**縮小**了。

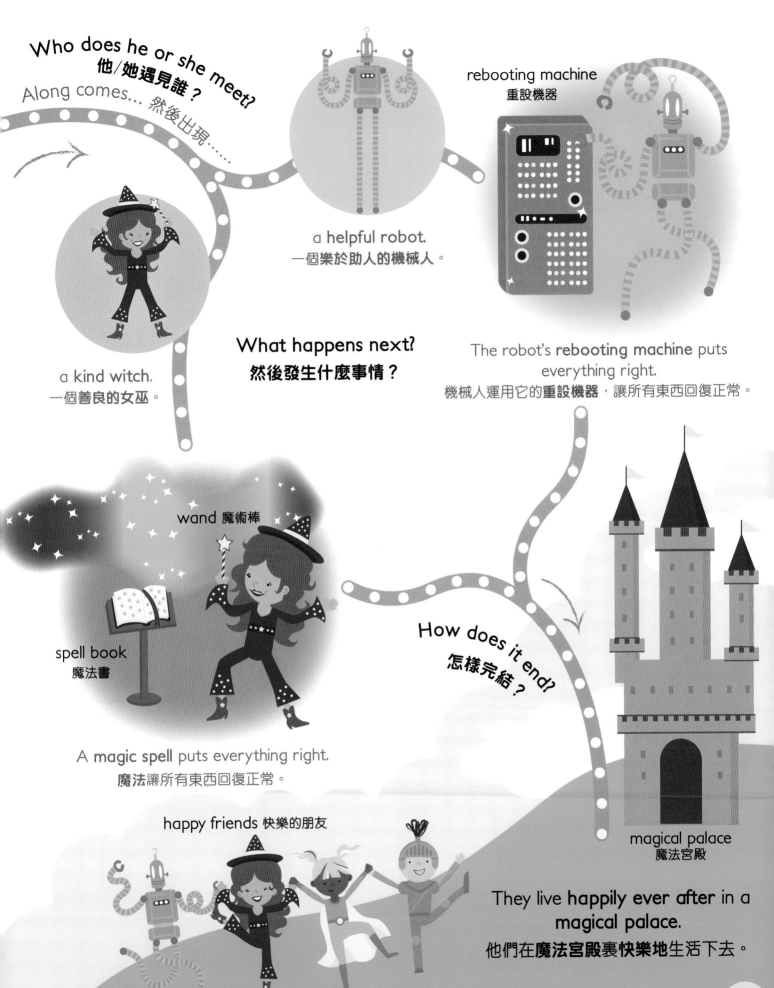

Who does he or she meet?
他/她遇見誰？

Along comes... 然後出現......

a helpful robot.
一個樂於助人的機械人。

a kind witch.
一個善良的女巫。

rebooting machine
重設機器

What happens next?
然後發生什麼事情？

The robot's **rebooting machine** puts everything right.
機械人運用它的**重設機器**，讓所有東西回復正常。

wand 魔術棒

spell book
魔法書

A **magic spell** puts everything right.
魔法讓所有東西回復正常。

How does it end?
怎樣完結？

magical palace
魔法宮殿

happy friends 快樂的朋友

They live **happily ever after** in a **magical palace**.
他們在**魔法宮殿**裏快樂地生活下去。

55

Wonderful words! 字詞真奇妙！

Have you ever **wondered**...
你是否**想知道**……

> **what words are ?**
> 字詞是什麼？

We hear words as **sounds**.
字詞是一種**聲音**，我們可以聽得見。

We write them using **symbols**.
字詞是一種**符號**，我們可以寫下來。

hello! 你好！

dog
狗

Chinese characters made up of **strokes**.
漢字則是方塊字，以**筆畫**組成。

In English the symbols are called **letters**.
英文裏的**字母**就是符號，字詞由字母拼成。

> **what words are for?**
> 字詞代表什麼？

All words **mean** something.
所有字詞都是有**意思**的。

apple 蘋果

e.g. **Apple** means a crunchy, juicy fruit that's round and grows on a tree.
例如：**蘋果**的意思是一種爽脆的、多汁的水果。它是圓圓的，而且生長在樹上。

> **what words do?**
> 字詞有什麼作用？

Words do **different jobs** in a sentence.
每個字詞在句子中都有**不同的作用**。

Words that **name** things are called **nouns**.
名詞是用來代表人或事物的**名稱**。

Can you find these **nouns** in this books?
你可以在書中找出這些**名詞**嗎？

girl
女孩

tractor
拖拉機

moth
蛾

toad
蟾蜍

ice cream
冰淇淋（雪糕）

Words that tell you what something is **doing** are called **verbs**.
動詞是用來形容或表示各類**動作**的字詞。

Can you find these **verbs** in this book?
你可以在書中找出這些**動詞**嗎？

walk
步行

draw
畫

seeing
看

skipping
跳繩

tasting
嘗

Words that **describe** what something is like are called **adjectives**.
形容詞是用來**描述**人或事物特質的字詞。

Can you find these **adjectives** in this book?
你可以在書中找出這些**形容詞**嗎？

wet
潮濕

curly
鬈曲的

strong
強壯的

happy
開心的

bouncy
具彈性的

Acknowledgements 鳴謝

謹向以下單位致謝，感謝他們允許使用照片：
(Key: a-above; b-below/bottom; c-centre; f-far; l-left; r-right; t-top)

1 Dreamstime.com: Mikelane45 (clb). **2 123RF.com:** Rawan Hussein | designsstock (fclb/ice cream, fcr); Sataporn Jiwjalaen (ca); Ruslan Iefremov / Ruslaniefremov (fcra). **Dorling Kindersley:** Natural History Museum, London (fcl/butterfly); Tata Motors (fcla, fbl/Nano); Gary Ombler / Lister Wilder (clb). **Dreamstime.com:** Jessamine (fbl, crb). **3 Dorling Kindersley:** Natural History Museum, London (fclb); Tata Motors (bc). **4 123RF.com:** 6440925 (fbl); Belchonock (bc/Sun screen); Pixelrobot (fbr); Kornienko (bc). **Dreamstime.com:** Georgii Dolgykh / Gdolgikh (br). **7 123RF.com:** Piotr Pawinski / ppart (fcla/Green, fcl/Red, fclb/Brown, fclb/Purple). **6–7 Dreamstime.com:** Fibobjects (b/Flowers). **7 123RF.com:** Piotr Pawinski / ppart (tr/Grey, cr/Blue); Anatolii Tsekhmister / tsekhmister (tr). **Dreamstime.com:** Piyagoon (crb). **Fotolia:** Fotojagodka (tr/Cat). **8 123RF.com:** Murali Nath / muralinathpr (clb); Punkbarby (fcl). **Dreamstime.com:** Milos Tasic / Tale (clb/Sport Shoes). **9 123RF.com:** Burnel1 (tc); Natthawut Panyosaeng / aopsan (ca); Sataporn Jiwjalaen (bc). **Dreamstime.com:** Chiyacat (cra); **iStockphoto.com:** Tarzhanova (fcra). **10 123RF.com:** Angelstorm (cra/Strawberries); Rose-Marie Henriksson / rosemhenri (fcrb/Cupcakes); Belchonock (bc/Celery). **Dreamstime.com:** Tracy Decourcy / Rimglow (fcr/Carrot); Leszek Ogrodnik / Lehu (cra/Apple, fcra/Orange, c/Red Pepper, crb/Broccoli, crb/Cabbage); Elena Schweitzer / Egal (cra/Cauliflower, bc/Lettuce); Grafner (br). **11 123RF.com:** Karammiri (clb); Utima (bl). **Alamy Stock Photo:** Peter Vrabel (br). **Dreamstime.com:** Denlarkin (fclb); Tarapatta (ca); Pogonici (cla/Yogurt). **13 123RF.com:** Evgeny Karandaev (tl). **14 123RF.com:** Andriy Popov (cb). **14–15 Dreamstime.com:** Hai Huy Ton That / Huytonthat (b). **15 Dreamstime.com:** Jamie Cross (crb); Svetlana Voronina (ca); Kettaphoto (clb). **16 Dreamstime.com:** Stephanie Frey (cr); Thomas Perkins / Perkmeup (crb). **17 123RF.com:** Birgit Korber / 2005kbphotodesign (c). **Dorling Kindersley:** Toymaker, Jomanda (fcr). **Dreamstime.com:** Thomas Perkins / Perkmeup (fbr). **20 Dreamstime.com:** Photka (br). **22–23 123RF.com:** Leo Lintang (t). **Dreamstime.com:** Hai Huy Ton That / Huytonthat. **22 123RF.com:** Dmitriy Syechin / alexan66 (clb, bl); Singkam Chanteb (ca). **Dreamstime.com:** Aprescindere (bc, bc/Rose); Fibobjects (cra); Aleksandar Jocic (c); Danny Smythe / Rimglow (crb). **23 123RF.com:** Lev Kropotov (tc); Keatanan Viya (cb). **AA Photolibrary:** Stockbyte (cla). **Dreamstime.com:** Andreykuzmin (c); Andrzej Tokarski (cl). **26 123RF.com:** Sergey Kolesnikov (cb); Oksana Tkachuk / ksena32 (clb). **Dreamstime.com:** Steve Allen / Mrallen (cra/Kelp Gull); Liligraphie (cra); Sergey Uryadnikov / Surz01 (tr); N Van D / Nataliavand (clb/Poppy); Isselee (br). **26–27 Fotolia:** Malbert. **iStockphoto.com:** T_Kimura (t). **27 123RF.com:** Oksana Tkachuk / ksena32 (cla, cb). **Dreamstime.com:** Stephanie Frey (cra); N Van D / Nataliavand (cl, c, clb); Stevenrussellsmithphotos (crb). **iStockphoto.com:** Aluxum (clb/Frog). **32 123RF.com:** BenFoto (crb/Peacock); Ron Rowan / framed1 (br, br/Rabbit). **Dorling Kindersley:** Philip Dowell (cla, cla/Sheep). **Dreamstime.com:** Anagram1 (tr); Eric Isselee (clb); Jessamine (cb); Oleksandr Lytvynenko / Voren1 (cb/Chicken); Goce Risteski (ca); Photobac (crb). **33 123RF.com:** Eric Isselee / isselee (cla); Eric Isselee / isselee (cla/Veal); Alexey Zarodov / Rihardzz (cra/haystack). **Dorling Kindersley:** Alan Buckingham (c); Doubleday Swineshead Depot (ca/Combine Harvester). **Dreamstime.com:** Eric Isselee (cla/cow); Eric Isselee (c); Yphotoland (crb); Just_Regress (cra); Damian Palus (ca). **Fotolia:** Eric Isselee (ca/cow). **Getty Images:** Dougal Waters / Photographer's Choice RF (br). **34 123RF.com:** Duncan Noakes (cl); Andrejs Pidjass / NejroN (tc); Ana Vasileva / ABV (c). **Dorling Kindersley:** Andrew Beckett (Illustration Ltd) (cr); British Wildlife Centre, Surrey, UK (cra/Deer). **Dreamstime.com:** Justin Black / Jblackstock (br); Eric Isselee / Isselee (fcl); Cynoclub (bl); Isselee (fcra). **Fotolia:** Eric Isselee (cra/Lion Cubs); Valeriy Kalyuzhnyy / StarJumper (tl); shama65 (cla); Eric Isselee (fbl); Eric Isselee (bc); Jan Will (fbr). **35 123RF.com:** Vitalii Gulay / vitalisg (cra/Lizard); smileus (tr); Александр Ермолаев / Ermolaev Alexandr Alexandrovich / photodeti (tc); Alexey Sholom (cl). **Dorling Kindersley:** Natural History Museum, London (cra/moth). **Dreamstime.com:** Hel080808 (crb); Brandon Smith / Bgsmith (ca); Goinyk Volodymyr (tr); Ryan Pike / Cre8tive_studios (cla); Kazoka (cb); Valeriy Kalyuzhnyy / Dragoneye (clb). **Fotolia:** Eric Isselee (tr/Koala); Eric Isselee (bc). **Photolibrary:** Digital Vision / Martin Harvey (clb/Tige Cub). **36 Alamy Stock Photo:** Rosanne Tackaberry (fcla). **Dorling Kindersley:** Weymouth Sea Life Centre (fclb). **Dreamstime.com:** Andybignellphoto (fcra); Paul Farnfield (ca); Jnjhuz (cra); Isselee (tr); Elvira Kolomiytseva (cb); Cynoclub (clb/Lionfish); Veruska1969 (bc); Ethan Daniels (crb); Berczy04 (br); Richard Carey (cr). **iStockphoto.com:** Alxpin (clb). **37 Alamy Stock Photo:** WaterFrame (cb/Blue Whale). **Dreamstime.com:** Tom Ashton (cra); Matthijs Kuijpers (tc); Chinnasorn Pangcharoen (tr); Margo555 (ca); Vladimir Blinov (fcla); Snyfer (cla/Sea Lion); Isselee (cra/Seal); Musat Christian (fcl); Caan2gobelow (cra). **iStockphoto.com:** Cmeder (cb). **38 123RF.com:** Gary Blakeley (br/Speedboat); Veniamin Kraskov (cl); Somjring Chuankul (clb); Kzenon (crb). **Dorling Kindersley:** Tata Motors (cla). **Dreamstime.com:** Maria Feklistova (tc); Melonstone (bl). **39 123RF.com:** Artem Konovalov (cr); Nerthuz (cla). **Corbis:** Terraqua Images (ca). **Dorling Kindersley:** Hitachi Rail Europe (fcra). **Dreamstime.com:** Eugenesergeev (br); Shariff Che' Lah (cra); Mlan61 (cb). **New Holland Agriculture:** (fcl). **40 123RF.com:** Scanrail (clb/Train). **Dorling Kindersley:** Andy Crawford / Janet and Roger Westcott (cr/Car); Tata Motors (tr). **Dreamstime.com:** Fibobjects (bl, cra). **41 123RF.com:** Acceptphoto (clb/Llama). **Alamy Stock Photo:** Rosanne Tackaberry (crb/Duck). **Dorling Kindersley:** Andy Crawford / Janet and Roger Westcott (br). **42 123RF.com:** Lev Dolgachov (fclb); Olaf Schulz / Schulzhattingen (c). **Dreamstime.com:** Fotomirc (bc/Rooster); Jmsakura / John Mills (cr); Eric Isselee (bc); Isselee (br). **Fotolia:** Malbert (cb/Water). **Getty Images:** Don Farrall / Photodisc (cb). **42–43 Dreamstime.com:** Glinn (b). **43 Dorling Kindersley:** Odds Farm Park, Buckinghamshire (ca/Pig). **Dreamstime.com:** Anna Utekhina / Anna63 (bl); Maksim Toome / Mtoome (cla); Yudesign (tc); Uros Petrovic / Urospetrovic (fcra); Eric Isselee (fcra/Cow); Chris Lorenz / Chrislorenz (ca); Rudmer Zwerver / Creativenature1 (fclb); Mikelane45 (clb); Jagodka (bc). **46 Dorling Kindersley:** Greg and Yvonne Dean (crb); Jerry Young (ca). **47 Dreamstime.com:** Ali Ender Birer / Enderbirer (tl). **48 Dreamstime.com:** Alinamd (t); Snake3d (cra). **49 123RF.com:** Dmitriy Syechin / alexan66 (cra); Jessmine (fcra). **Dreamstime.com:** Dibrova (fcr); Jlcst (cl); Ralf Neumann / Ingwio (cra); Irochka (c); Qpicimages (cr/Hibiscus leaf); Paulpaladin (cr/Mint Leaf). **50 123RF.com:** Mikekiev (r). **51 Dorling Kindersley:** Andy Crawford / Janet and Roger Westcott (bl). **52 123RF.com:** Eric Isselee (cla); Boris Medvedev (c). **Dreamstime.com:** Iakov Filimonov (cb); Alexander Potapov (cl/Shoe). **Fotolia:** Malbert (cl). **Getty Images:** C Squared Studios / Photodisc (ca). **52–53 iStockphoto.com:** Rodnikovay. **53 123RF.com:** Andreykuzmin (ca/Shield); Blueringmedia (tr); Oliver Lenz (l); Konstantin Shaklein (cb); Jehsomwang (crb). **Depositphotos Inc:** mreco99 (cra). **Dorling Kindersley:** Wallace Collection, London (ca/Armour). **Fotolia:** Malbert (ca). **56 Dorling Kindersley:** Natural History Museum, London (cb). **Dreamstime.com:** Artigiano (crb/Strawberry); Grafner (crb). **New Holland Agriculture:** (cb/Tractor). **57 123RF.com:** Scanrail (fcra). **Dorling Kindersley:** Natural History Museum, London (fclb); Tata Motors (bc, fcrb). **Dreamstime.com:** Jessamine (bl, fcrb/Nest)

Cover images: *Front:* **123RF.com:** Parinya Binsuk / parinyabinsuk cb, Ruslan Iefremov / Ruslaniefremov clb/ (fountain), Scanrail cb/ (train); **Corbis:** Terraqua Images clb/ (helicopter); **Dorling Kindersley:** Natural History Museum, London tl/ (butterfly), Tata Motors tr; **Dreamstime.com:** Andygaylor clb, Borislav Borisov cb/ (bird), Jessamine tl/ (nest), Anke Van Wyk tl; **iStockphoto.com:** ZargonDesign cl; *Back:* **123RF.com:** Parinya Binsuk / parinyabinsuk cb, Rawan Hussein | designsstock cl/ (ice cream), Ruslan Iefremov / Ruslaniefremov clb/ (fountain), Sataporn Jiwjalaen / onairjiw tl/ (sunglasses), Scanrail cb/ (train); **Corbis:** Terraqua Images clb/ (helicopter); **Dorling Kindersley:** Natural History Museum, London cra, Tata Motors tr; **Dreamstime.com:** Andygaylor clb, Borislav Borisov cb/ (bird), Xaoc tl; **iStockphoto.com:** ZargonDesign cl

All other images © Dorling Kindersley
For further information see: www.dkimages.com

Keep learning words!
They are very useful.

字詞真有用！小朋友，記得要繼續學習啊！

57